essentials

essentials liefern aktuelles Wissen in konzentrierter Form. Die Essenz dessen, worauf es als „State-of-the-Art" in der gegenwärtigen Fachdiskussion oder in der Praxis ankommt. *essentials* informieren schnell, unkompliziert und verständlich

- als Einführung in ein aktuelles Thema aus Ihrem Fachgebiet
- als Einstieg in ein für Sie noch unbekanntes Themenfeld
- als Einblick, um zum Thema mitreden zu können

Die Bücher in elektronischer und gedruckter Form bringen das Expertenwissen von Springer-Fachautoren kompakt zur Darstellung. Sie sind besonders für die Nutzung als eBook auf Tablet-PCs, eBook-Readern und Smartphones geeignet. *essentials:* Wissensbausteine aus den Wirtschafts-, Sozial- und Geisteswissenschaften, aus Technik und Naturwissenschaften sowie aus Medizin, Psychologie und Gesundheitsberufen. Von renommierten Autoren aller Springer-Verlagsmarken.

Weitere Bände in der Reihe http://www.springer.com/series/13088

Ulrich Matter

Big Public Data aus dem Programmable Web

HMD Best Paper Award 2019

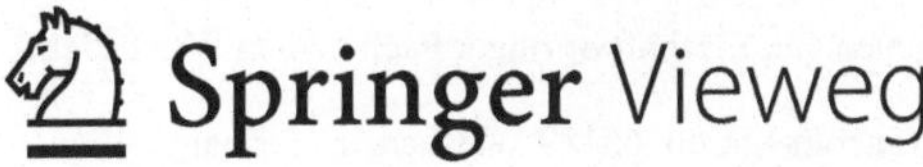

Springer Vieweg

Ulrich Matter
Universität St. Gallen
St. Gallen, Schweiz

ISSN 2197-6708   ISSN 2197-6716   (electronic)
essentials
ISBN 978-3-658-31583-2   ISBN 978-3-658-31584-9   (eBook)
https://doi.org/10.1007/978-3-658-31584-9

Die Deutsche Nationalbibliothek verzeichnet diese Publikation in der Deutschen Nationalbibliografie; detaillierte bibliografische Daten sind im Internet über http://dnb.d-nb.de abrufbar.

Das essential ist die überarbeitete Version des Artikels: U. Matter: Big Public Data aus dem Programmable Web: Chancen und Herausforderungen. HMD – Praxis der Wirtschaftsinformatik 329 (2019) 56: 1068 – 1081. https://doi.org/10.1365/s40702-019-00525-6

Planung/Lektorat: Sybille Thelen
Springer Vieweg ist ein Imprint der eingetragenen Gesellschaft Springer Fachmedien Wiesbaden GmbH und ist ein Teil von Springer Nature.
Die Anschrift der Gesellschaft ist: Abraham-Lincoln-Str. 46, 65189 Wiesbaden, Germany

Was Sie in diesem *essential* finden können

- Einführung des Konzeptes *big public data* und Diskussion deren Nutzen für wissenschaftliche Zwecke, sowie der damit verbundenen technischen Herausforderungen beim Umgang mit diesen Datenbeständen.
- Vorgehen bei der Konzeption und Implementierung von *data pipelines* zur systematischen Sammlung und Aufbereitung solcher big public data für die empirische Forschung in den Wirtschafts- und Sozialwissenschaften.
- Anschauliche Anwendung der diskutierten Konzepte in einer ausführlichen Fallstudie im Kontext von Religion in der US Politik.
- Diskussion der Vorteile des vorgeschlagenen Ansatzes zum Umgang mit big public data hinsichtlich der Replikation sozialwissenschaftlicher Studien.

Geleitwort

Der prämierte Beitrag

Der prämierte Beitrag „Big Public Data aus dem Programmable Web: Chancen und Herausforderungen" von Ulrich Matter greift ein relevantes Thema auf: Datenanalyse und -nutzung im Web-Zeitalter. Dem Autor gelingt es zum einen aus der sozialwissenschaftlichen Perspektive die Chancen und Herausforderungen der Sammlung, Analyse und Nutzung von Big Public Data aus dem Programmable Web aufzuzeigen; zum andern schafft er es anhand eines Fallbeispiels aus den USA – Religion in der US Politik – ein mögliches Vorgehen zur systematischen Analyse und Nutzung solcher Daten verständlich vorzustellen. Trotz der technischen Ausrichtung gelingt es dem Autor, die wesentlichen Kernaussagen der Thematik in einer einfachen Sprache einem breiten Zielpublikum zu vermitteln.

Für die vorliegende *essentials*-Ausgabe wurden die Inhalte des originären HMD-Beitrags umfassend erweitert und überarbeitet. Auch der Titel wurde dabei etwas gekürzt.

Der Beitrag adressiert die Thematik Big Data Analytics und deren Anwendung im öffentlichen Sektor aus sozialwissenschaftlicher Sicht. Die vermehrte Nutzung von sozialen Medien und auch deren Akzeptanz seitens der Nutzer hat zu einer starken Zunahme an hochdetaillierten Datenbeständen geführt. Mit dem Technologiefortschritt sind Daten im Web nun auch als standardisierte maschinenlesbare Formate verfügbar und können über sogenannte Programmierschnittstellen abgerufen werden. Dies wird besonders im öffentlichen Sektor interessant, wie etwa in der Politik oder der öffentlichen Verwaltung. Denn das Web ermöglicht einen neuen Zugang zu Daten für Forscher und vereinfacht somit die Sammlung von Datensätzen (bspw. Eigenschaften und Einstellungen von Politiker). Jedoch ist dieser Zugang mit Herausforderungen verknüpft. Das heißt, die Verwendung von Programmierschnittstellen als Datenquelle erfordert ein Grundwissen der verwendeten Webtechnologien. Matter stellt daher die Implementierung einer data pipeline vor, die einfach ausgedrückt den Prozess vom Input zum Output (Sammlung, Verarbeitung, Nutzung von Daten) rechengestützt darstellt. Mithilfe der Fallstudie „Religion in der US Politik" wird den Lesern der Ansatz einer data pipeline illustriert. Schließlich wird nebst der einfachen Durchführung von Datenanalysen auch auf die Thematik Replizierbarkeit und (unabhängige) Verifizierbarkeit der Datensammlung eingegangen, um den Mehrwert und somit auch das Potenzial des vorgeschlagenen Ansatzes zu unterstreichen.

Ganz im Sinne der HMD – Praxis der Wirtschaftsinformatik spricht der Beitrag Akademiker und Praktiker an, welche sich mit der Analyse und Nutzung von Big Public Data aus dem Programmable Web beschäftigen und dessen Anwendungspotenzial prüfen möchten. Des Weiteren bietet dieses *essentials* eine gute Grundlage für die Diskussionen rund um das Thema Smart Governance an.

Die HMD – Praxis der Wirtschaftsinformatik und der HMD Best Paper Award

Alle HMD-Beiträge basieren auf einem Transfer wissenschaftlicher Erkenntnisse in die Praxis der Wirtschaftsinformatik. Umfassendere Themenbereiche werden in HMD-Heften aus verschiedenen Blickwinkeln betrachtet, sodass in jedem Heft sowohl Wissenschaftler als auch Praktiker zu einem aktuellen Schwerpunktthema zu Wort kommen. Den verschiedenen Facetten eines Schwerpunktthemas geht ein Grundlagenbeitrag zum State of the Art des Themenbereichs voraus. Damit liefert die HMD IT-Fach- und Führungskräften Lösungsideen für ihre Probleme, zeigt ihnen Umsetzungsmöglichkeiten auf und informiert sie über Neues in der Wirtschaftsinformatik. Studierende und Lehrende der Wirtschaftsinformatik erfahren zudem, welche Themen in der Praxis ihres Faches Herausforderungen darstellen und aktuell diskutiert werden.

Wir wollen unseren Lesern und auch solchen, die HMD noch nicht kennen, mit dem „HMD Best Paper Award" eine kleine Sammlung an Beiträgen an die Hand geben, die wir für besonders lesenswert halten, und den Autoren, denen wir diese Beiträge zu verdanken haben, damit zugleich unsere Anerkennung zeigen. Mit dem „HMD Best Paper Award" werden alljährlich die drei besten Beiträge eines Jahrgangs der Zeitschrift „HMD – Praxis der Wirtschaftsinformatik" gewürdigt. Die Auswahl der Beiträge erfolgt durch das HMD-Herausgebergremium und orientiert sich an folgenden Kriterien:

- Zielgruppenadressierung
- Handlungsorientierung und Nachhaltigkeit

- Originalität und Neuigkeitsgehalt
- Erkennbarer Beitrag zum Erkenntnisfortschritt
- Nachvollziehbarkeit und Überzeugungskraft
- Sprachliche Lesbarkeit und Lebendigkeit

Alle drei prämierten Beiträge haben sich in mehreren Kriterien von den anderen Beiträgen abgesetzt und verdienen daher besondere Aufmerksamkeit. Neben dem Beitrag von U. Matter wurden ausgezeichnet:

- G. König, R. Kugel: DevOps – Welcome to the Jungle. HMD – Praxis der Wirtschaftsinformatik 326 (2019) 56: 289–300. https://doi.org/10.1365/s40702-019-00507-8
- S. Lempert, A. Pflaum: Vergleichbarkeit der Funktionalität von IoT-Software-Plattformen durch deren einheitliche Beschreibung in Form einer Taxonomie und Referenzarchitektur. HMD – Praxis der Wirtschaftsinformatik 330 (2019) 56: 1178–1203. https://doi.org/10.1365/s40702-019-00562-1

Die HMD ist vor mehr als 50 Jahren erstmals erschienen: Im Oktober 1964 wurde das Grundwerk der ursprünglichen Loseblattsammlung unter dem Namen „Handbuch der maschinellen Datenverarbeitung" ausgeliefert. Seit 1998 lautet der Titel der Zeitschrift unter Beibehaltung des bekannten HMD-Logos „Praxis der Wirtschaftsinformatik", seit Januar 2014 erscheint sie bei Springer Vieweg. Verlag und HMD-Herausgeber haben sich zum Ziel gesetzt, die Qualität von HMD-Heften und -Beiträgen stetig weiter zu verbessern. Jeder Beitrag wird dazu nach Einreichung doppelt begutachtet: Vom zuständigen HMD- oder Gastherausgeber (Herausgebergutachten) und von mindestens einem weiteren Experten, der anonym begutachtet (Blindgutachten). Nach Überarbeitung durch die Beitragsautoren prüft der betreuende Herausgeber die Einhaltung der Gutachtervorgaben und entscheidet auf dieser Basis über Annahme oder Ablehnung.

Zürich   Sara D'Onofrio

Bibliographische Informationen

U. Matter: Big Public Data aus dem Programmable Web: Chancen und Herausforderungen. HMD – Praxis der Wirtschaftsinformatik 329 (2019) 56: 1068–1081. https://doi.org/10.1365/s40702-019-00525-6

Inhaltsverzeichnis

Einleitung 1

Mit der Verbreitung des Internets und der Mobilfunktechnologie sind digitale Daten über jegliche Aspekte menschlichen Verhaltens allgegenwärtig geworden. Während big data (d. h. große, komplexe, und oft ungewohnt/schwach strukturierte Datenmengen) in den Naturwissenschaften oft aufgrund besserer Messinstrumente, wie leistungsfähigeren Teleskopen (Feigelson und Babu 2012; Zhang und Zhao 2015) und neuer Messmethoden wie der modernen DNS-Sequenzierung (Luo et al. 2016) Einzug gehalten hat, geht die heutige Bedeutung von big data in den Sozialwissenschaften zu einem großen Teil auf die erhöhte Internetverbreitung und die Weiterentwicklung des World Wide Web (WWW) zurück.

Die Einführung und Verbreitung von Web 2.0-Technologien wie JSON (JavaScript Object Notation) und AJAX (Asynchronous JavaScript and XML) hat die Speicherung und den Austausch von Daten über das Web deutlich vereinfacht, was zu einer Vielfalt an dynamischen Webseiten, Webanwendungen, und weit verbreiteten Sozialen Medien geführt hat. Das WWW wird damit zusehends zum *Programmable Web*[1] in welchem Daten nicht nur in der Form von HTML-basierten Webseiten (optimiert für das menschliche Auge) publiziert werden, sondern ebenfalls in standardisierten maschinenlesbaren Formaten. Dabei bilden sogenannte Web application programming interfaces (APIs) die zentralen Knotenpunkte im programmable Web über welche diese standardisierten Daten transferiert werden (Matter 2018).

---

[1]Die Begriffe programmable Web, Web of data, und semantic Web werden hier synonym und im Sinne von Swartz (2013) verwendet.

© Der/die Herausgeber bzw. der/die Autor(en), exklusiv lizenziert durch Springer Fachmedien Wiesbaden GmbH, ein Teil von Springer Nature 2020
U. Matter, *Big Public Data aus dem Programmable Web*, essentials,
https://doi.org/10.1007/978-3-658-31584-9_1

Mit der Entwicklung von APIs ist der Transfer von digitalen Daten zwischen Webanwendungen sowie das Einbetten dieser Daten in dynamischen Webseiten für den Webentwickler technisch einfacher umsetzbar. Damit wird die Entwicklung von datengetriebenen Webseiten viel effizienter was wiederum Unternehmen als Grundlage für neue Geschäftsmodelle dienen kann.[2] Die rasch fortschreitende Weiterentwicklung und Verbreitung des programmable Web eröffnet zudem Forschern indirekt einen ganz neuen Zugang zu hochdetaillierten Daten, welche unabhängig von spezifischen Forschungsfragen generiert werden und systematisch gesammelt werden können.

Während die Sammlung von Daten aus dem programmable Web via APIs grundsätzlich in diversen Bereichen möglich ist, wird der Zugang in der Praxis in vielen Fällen eingeschränkt. Je nach API sind die Daten kostenpflichtig oder unterliegen dem Persönlichkeitsschutz[3]. Ein für die sozialwissenschaftliche Forschung interessantes Anwendungsgebiet von APIs, in welchem diese Einschränkungen jedoch kaum vorhanden sind, ist der Öffentliche Sektor, sprich Politik und öffentliche Verwaltung (Matter und Stutzer 2015a). Hier wird im Kontext der Civic Technology Bewegung[4] oft auf API-basierte Webanwendungen gesetzt, um den Austausch zwischen Bürgern und öffentlicher Verwaltung und Politik zu erleichtern und um politische Prozesse transparenter zu machen, was zu einer starken Zunahme an hochdetaillierten digitalen Datenbeständen über politische Akteure und Prozesse geführt hat.[5]

---

[2]Siehe beispielsweise (Stocker et al. 2010) für eine Betrachtung neuer Geschäftsmodelle im programmable Web.

[3]Siehe beispielsweise den Bericht der Stiftung Datenschutz zur praktischen Umsetzung des Rechts auf Datenübertragbarkeit (https://stiftungdatenschutz.org/fileadmin/Redaktion/ Datenportabilitaet/studie-datenportabilitaet.pdf): Im Rahmen der Digitalisierungsbemühungen im Gesundheitswesen, wird unter anderem mittels APIs versucht, die Portabilität von Behandlungsdaten zu erhöhen. Der Zugang zu solchen APIs ist entsprechend den geltenden Regeln zu Patientendaten stark eingeschränkt.

[4]Unter Civic Technology (Civic Tech) werden generell Technologien verstanden, welche die politische Partizipation fördern/vereinfachen und den Austausch respektive die Beziehung zwischen Bevölkerung und Regierung stärken. Mit der Civic Technology Bewegung sind Bürger, Journalisten und Aktivisten gemeint, die diese Technologien in konkreten Anwendungen der breiten Bevölkerung zur Verfügung stellen. Beispiele dafür sind die Sunlight Foundation (sunlightfoundation.com) sowie Code for America (codeforamerica.org).

[5]Die Verwendung von APIs respektive API-basierten Anwendungen ist zentraler Bestandteil der Civic Technology Bewegung. Siehe bspw. McNutt et al. (2016) für eine Übersicht über verschiedene Anwendungsbereiche von Web 2.0 Technologien im Civic Tech Bereich.

Dieser Beitrag gibt einen praxisorientierten Einblick in die Nutzung solcher big public data aus dem programmable Web in der sozialwissenschaftlichen Forschung. Dazu wird zuerst eine Übersicht über die mit big public data verbundenen Chancen und Herausforderungen präsentiert. Darauf aufbauend verdeutlicht eine Fallstudie im Kontext der politökonomischen Forschung über die Rolle von Religion in der US Politik, die Vorteile der Datenbeschaffung vom programmable Web im Vergleich zu bisherigen Ansätzen. Gleichzeitig zeigt die Fallstudie anhand des data pipeline Konzepts auf, wie mit den technischen Herausforderungen umgegangen werden kann und welche Vorteile data pipelines im sozialwissenschaftlichen Kontext für die Replikation/Replizierbarkeit von Forschungsresultaten haben. Abschließend werden die Grenzen des präsentierten Ansatzes diskutiert sowie auf das breitere Potenzial des Ansatzes für die politökonomische Forschung hingewiesen.

Chancen: Datengenerierung und Datenqualität

Viele Bereiche der sozialwissenschaftlichen Forschung sind in der Praxis auf Beobachtungsdaten zu menschlichem Verhalten und menschlichen Eigenschaften angewiesen. Die Beschaffung von Beobachtungsdaten kann schwierig und kostspielig sein, da die Forscher eine geeignete Auswahl an Probanden über längere Zeit im für die Forschungsfrage relevanten sozialen Kontext beobachten müssen. Wenn beispielsweise in der politökonomischen Forschung etwas über die Einstellungen und Eigenschaften von Politikern in Erfahrung gebracht werden soll, spielt es potenziell eine Rolle, ob dies im Zuge einer Umfrage geschieht (bei der die Politiker genau wissen, dass sie von Forschern befragt werden), oder Politiker direkt gegenüber ihren Wählern und Geldgebern Auskunft geben.

Genau hier ist das programmable Web als Datenquelle spannend, da die Aufzeichnung menschlichen Verhaltens und menschlicher Eigenschaften in einem klar definierten Rahmen/Kontext, jedoch unabhängig von den Forschern und der jeweiligen Forschungsfrage, geschieht.

Im programmable Web geschieht die Generierung der Rohdaten typischerweise über die Benutzerschnittstelle einer Webanwendung, deren Zweck für die Nutzer klar definiert ist. Nutzer verwenden die Applikation aus eigenen Stücken und im dafür vorgesehenen Rahmen (bspw. das Verfassen einer Kurznachricht auf Twitter oder das Hochladen eines Fotos auf Facebook). Dabei generieren sie automatisch Daten, die über APIs zugänglich sind, welche wiederum im Hintergrund einen zentralen Bestandteil der jeweiligen Webanwendung darstellen. Seitens der Nutzer ist die Bereitstellung der eigenen Daten ein natürlicher Teil der Nutzung dieser Webanwendung, seitens der Applikations-Entwickler ist die API ein zentraler Teil der Applikationsarchitektur respektive des zugrunde liegenden Geschäftsmodells. APIs vereinfachen die Arbeit der Frontend-Entwickler sowohl intern (bspw. basieren gewisse Funktionen der Facebook Webseite und

U. Matter, *Big Public Data aus dem Programmable Web*, essentials, https://doi.org/10.1007/978-3-658-31584-9_2

Facebook-Apps für iOS- und Android-Geräte auf den gleichen APIs) wie auch extern (Entwickler außerhalb von Twitter können über das Twitter API einfach Tweet-Feeds in ihrer eigenen Webseite integrieren). Die Motivation für die Entwicklung von APIs als Teil eines Geschäftsmodells können vielseitig sein und reichen von direktem Absatz (bspw. kostenpflichtige APIs von Google, wie die Google Places API), strategischen Überlegungen hinsichtlich Marktdominanz mittels offenen APIs (Bodle 2010), bis zu Effizienzsteigerungen mittels rein internen APIs (Richardson und Amundsen 2013).

Web-Entwickler verwenden APIs somit in ihrer eigentlich vorgesehenen Funktion, um Dienstleistungen und Daten aus verschiedenen Quellen in neuen Webanwendungen/Webseiten zu verbinden (sogenannte „Mashups"), wodurch wiederum mehr Endnutzer auf die Daten zugreifen können. Gleichzeitig können Forscher über die gleiche Art von Zugang die APIs dazu verwenden, die Daten systematisch zu sammeln und für Forschungszwecke aufzubereiten, ohne dabei in irgendeiner Weise die Generierung der Rohdaten zu beeinflussen. Dies bietet Forschern in den empirischen Sozialwissenschaften einen ganz neuen Zugang zu hochdetaillierten Beobachtungsdaten, stellt sie jedoch auch vor neue technische Herausforderungen.

Herausforderungen: Webtechnologien und Variabilität der Daten

3

Sowohl die Chancen wie auch die Herausforderungen für die sozialwissenschaftliche Forschung basierend auf big public data rühren von der Tatsache, dass APIs primär eine von der sozialwissenschaftlichen Forschung unabhängige Funktion haben. Während die oben ausgeführten Chancen von big public data aus dem programmable Web durch den gesellschaftlichen Kontext der auf APIs basierenden Webanwendung bedingt sind, führen die Herausforderungen auf den technologischen Kontext zurück, sprich auf die Tatsache, dass APIs primär von Web-Entwicklern für Web-Entwickler gemacht sind. API-Methoden zur Abfrage von Daten sowie die verwendeten Datenstrukturen und Formate sind für die Einbettung der Daten in Webanwendungen optimiert (bspw. via Django/Python im Backend oder JavaScript im Frontend), jedoch nicht für die systematische Sammlung und Aufbereitung der Daten für Forschungszwecke. Forscher, welche auf Daten aus dem programmable Web angewiesen sind, sind somit schnell mit einer hohen Variabilität von Daten konfrontiert.

Die Verwendung von APIs als Datenquelle für Forschungszwecke setzt somit grundlegende Kenntnisse der verwendeten Webtechnologien voraus und kann je nach API wieder anders ausfallen. Folgende grundlegende Aufgaben sind jedoch für praktisch jede Datenbeschaffung von APIs relevant:

1. Handling der HTTP-Kommunikation mit dem Server (API): Das Senden einer großen Anzahl an GET-requests und das Handling der HTTP-responses (inkl. Handling potenzieller HTTP-Fehlermeldungen und Führen einer Log-Datei).
2. Parsen der Daten im HTTP-body: Einlesen der meist hierarchisch strukturierten Daten, typischerweise in XML oder JSON Format.

© Der/die Herausgeber bzw. der/die Autor(en), exklusiv lizenziert durch
Springer Fachmedien Wiesbaden GmbH, ein Teil von Springer Nature 2020
U. Matter, *Big Public Data aus dem Programmable Web*, essentials,
https://doi.org/10.1007/978-3-658-31584-9_3

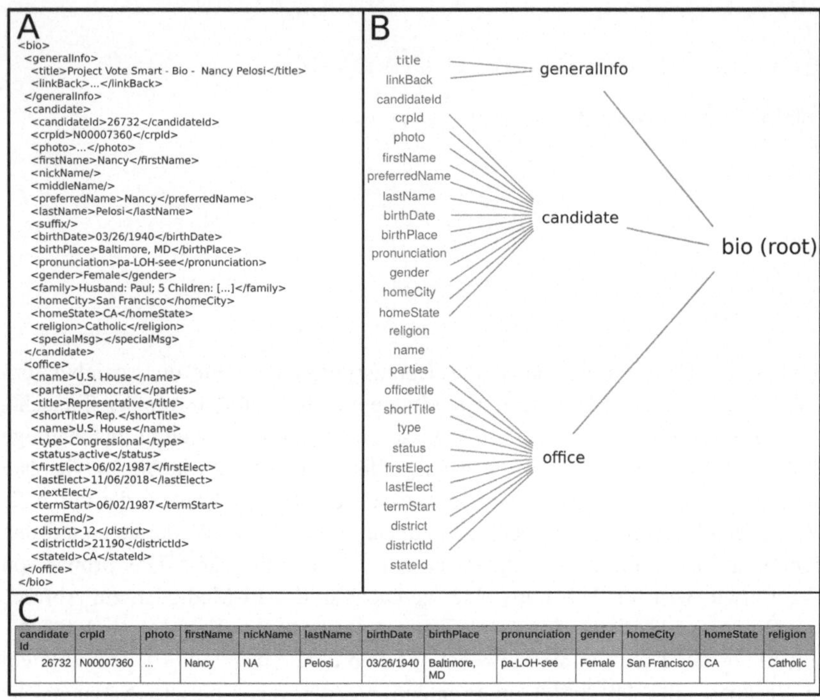

candidate Id	crpId	photo	firstName	nickName	lastName	birthDate	birthPlace	pronunciation	gender	homeCity	homeState	religion
26732	N00007360	...	Nancy	NA	Pelosi	03/26/1940	Baltimore, MD	pa-LOH-see	Female	San Francisco	CA	Catholic

Abb. 3.1 Hierarchische vs. flache Repräsentation von API Daten

3. Aufbereitung und Speicherung der relevanten Werte in einer flachen Repräsentation (in Form einer/mehrerer Tabellen: Bspw. Dateiformat CSV, relationale Datenbank, etc.).

Abb. 3.1 illustriert die letzten zwei Punkte im Detail. Panel A zeigt ein rohes XML-Dokument wie es von einer API im HTTP-body versendet wird. Das Beispiel zeigt die biografischen Daten von Nancy Pelosy (Sprecherin des US-Repräsentantenhauses) und basiert auf der API, die auch in der Fallstudie weiter unten verwendet wird.[1] Die Daten sind hierarchisch (in verschachtelten XML-tags) strukturiert. In Panel B sind die darin enthaltenen

---

[1]Siehe Kap. 5 für mehr Informationen zu dieser API.

Variablen und Variablengruppen in einem Baumdiagramm dargestellt, um die hierarchische Struktur zu verdeutlichen. Die einzelnen Variablen und deren Werte sind einer von drei übergeordneten Gruppen zugeordnet: ‚generalInfo' (allgemeine Angaben zu diesem Dateneintrag) ‚candidate' (Angaben zur Person, Kandidatin), sowie ‚office' (Angaben zum Amt/den Ämtern dieser Person). Diese Gruppen bilden gemeinsam das gesamte Dokument und sind somit dem ‚root'-Element zugeordnet. Die gesamte hierarchische Gliederung oder einzelne Teile davon können für den Zweck der Datenanalyse in eine flache, tabellenartige Repräsentation (eine oder mehrere Tabellen/Matrizen) übersetzt werden. Panel C zeigt dies für den Zweig/die Variablengruppe ‚candidate'.

Wenn ein Forschungsprojekt die Verknüpfung von Daten aus einem oder mehreren APIs sowie traditionellen Datenquellen bedingt, wird die Implementierung der Datensammlung und Datenaufbereitung aufgrund der unterschiedlich strukturierten Daten schnell komplex, kann aber durch eine entsprechende Planung einer data pipeline vereinfacht werden.

Konzeptioneller Lösungsansatz: Data pipelines 4

Einfach ausgedrückt ist eine data pipeline ein rechengestützter Prozess in welchem Daten aus einer oder mehreren Quellen den Input darstellen, dieser Input in mehreren Stufen weiterverarbeitet wird und am Ende ein Output ausgegeben wird, wobei die Form des Outputs vielfältig sein kann (bspw. eine Datenbank, ein Model des maschinellen Lernens (engl. Maschine Learning), eine statistische Analyse, oder eine Datenvisualisierung). Die einzelnen Schritte in der data pipeline sind je nach Kontext und angestrebten Output durchaus unterschiedlich, beinhalten aber generell die in Abb. 4.1 als Flussdiagram dargestellten Aufgaben, welche heute oft als die Kernaufgaben der Data Science genannt werden.

Aus dieser Auflistung wird ersichtlich, dass die oben genannten drei Aufgaben der Datenbeschaffung von APIs im Grunde genau in die ersten drei Schritte einer typischen data pipeline passen.

Das Konzept der data pipeline ist bisher primär in der Wirtschaft (siehe bspw. (Ismail et al. 2019) für eine Übersicht über die Anwendung von data pipelines in der verarbeitenden Industrie) und in datenintensiven Bereichen der Naturwissenschaften (siehe bspw. (Wolf et al. 2018)) etabliert. In den Sozialwissenschaften sind data pipelines noch kaum zentraler Bestandteil der Planung von Forschungsprojekten (siehe (Sebei et al. 2018) für eine aktuelle Übersicht im Kontext von Social Media Analytics). Im Folgenden wird anhand einer einfachen Fallstudie erläutert, wie anhand des data pipeline Konzeptes mit den oben beschriebenen

Abb. 4.1   Data Pipeline als Flussdiagram

Herausforderungen umgegangen werden kann, um die Chancen von big public data vom programmable Web zu nutzen. Die Fallstudie ist absichtlich technisch einfach gehalten, um den Fokus auf die wichtigsten Konzepte zu richten.

Fallstudie: Religion in der US Politik 5

Um die Chancen von big public data zu verdeutlichen, wird an dieser Stelle eine kurze Fallstudie diskutiert. Die Fallstudie fokussiert sich auf einen Forschungsbereich, in welchem die traditionelle Datenbeschaffung für wissenschaftliche Zwecke an klare Grenzen stößt: Die Rolle von Religion in der US Politik.

5.1 Hintergrund und Motivation

Gewählte Politiker bringen auch ihre persönliche Weltsicht und Wertehaltung in ihr Amt ein, was sich wiederum auf den politischen Prozess und politische Entscheide auswirken kann. In der Politischen Ökonomie wurde persönlichen Eigenschaften von Politikern jedoch lange kaum Aufmerksamkeit geschenkt. Stattdessen wurde versucht, das Verhalten von Politikern im Amt ausschließlich mit den durch das institutionelle Regelwerk gesetzten Anreizen (Wiederwahlrestriktionen, Wahlsystem, Transparenzregeln, etc.) zu erklären. Wenn nun diese Regelwerke dazu führen, dass Politik für gewisse Kandidaten mehr oder weniger attraktiv wird (im Vergleich zu alternativen Beschäftigungsfeldern) und zugleich realistischerweise kein Regelwerk das Handeln der Politiker perfekt entsprechend den Bedürfnissen der Bürger lenken kann, dann wird politische Selektion (d. h. wer/welche Persönlichkeiten in die Politik gehen) relevant (Besley 2005; Burden 2007; Mansbridge 2009). Eine relativ neue politökonomische Literatur zeigt auf, wie relevant politische Selektion in der Praxis tatsächlich ist. Dabei wird unter anderem untersucht, inwiefern der Berufshintergrund von gewählten Politikern eine Rolle für deren Politikentscheide spielt. Matter und Stutzer (2015b) zeigen

© Der/die Herausgeber bzw. der/die Autor(en), exklusiv lizenziert durch Springer Fachmedien Wiesbaden GmbH, ein Teil von Springer Nature 2020
U. Matter, *Big Public Data aus dem Programmable Web*, essentials,
https://doi.org/10.1007/978-3-658-31584-9_5

auf, dass US Parlamentarier mit einem beruflichen Hintergrund als Rechtsanwalt systematisch mit einer höheren Wahrscheinlichkeit gegen Reformen im Haftpflichtrecht stimmen, welche darauf abzielen, die Höhe von Schadensersatzzahlungen zu gesetzlich zu begrenzen (solche Schadensersatzzahlungen sind eine wichtige Einnahmequelle für viele US Rechtsanwälte). Ein anderes Beispiel liefern (Hyytinen et al. 2018) mit einer Studie über Finnische Gemeinderäte. Die Autoren zeigen auf, dass mehr Abgeordnete mit einem Berufshintergrund als öffentliche Angestellte zu höheren öffentlichen Ausgaben führen.

Religiöse Ansichten spielen in diesem Kontext der politischen Selektion ebenfalls eine potenziell wichtige Rolle, die sich sowohl in durch die religiöse Wertehaltung getriebene Entscheide wie auch durch strategisches Verhalten von Politikern, um religiösen Wählerschichten und Geldgebern zu gefallen, widerspiegeln kann. Trotz dieses potenziell wichtigen Faktors in der US Politik, gibt es relativ wenig empirische Studien, welche den Einfluss von Religion auf politische Entscheide in der US Politik systematisch untersuchen.[1] Sozialwissenschaftler in diesem Forschungsbereich nennen einen simplen Grund, um den Mangel an empirischen Studien zu erklären: Die mühsame (und kostspielige) Beschaffung von qualitativ hochstehenden Daten über die religiöse Identität von Politikern (Guth et al. 2009).

Im Folgenden wird kurz diskutiert, wo die Schwierigkeiten bei der traditionellen Datenbeschaffung (ohne big public data) liegen, bevor Schritt für Schritt die alternative Vorgehensweise basierend auf big public data aus dem programmable Web erklärt wird und zum Schluss die gewonnenen Daten in einer kurzen Analyse beschrieben werden.

5.2   Traditionelle Problemstellung und Datenbeschaffung

Die praktischen Herausforderungen für die empirischen Sozialwissenschaften gehen hier insbesondere auf zwei Faktoren zurück:

---

[1]Siehe die Literaturübersicht in (Oldmixon 2009). Neuere Beispiele für Beiträge in diesem Bereich sind McTague und Pearson-Merkowitz (2013), Guth (2014), Newman et al. (2016) und Oldmixon (2017).

1. Die *Komplexität der Messung* aufgrund der Vielfalt an religiösen (insbesondere protestantischen) Denominationen in den USA („complexity of subject and measurement" in (Wald und Wilcox, 2006, S. 526)).
2. *Die praktische Erfassung der Rohdaten.*

Letzterer Punkt wird durch die Tatsache erschwert, dass religiöse Zugehörigkeit als etwas Persönliches wahrgenommen wird und Politiker insbesondere dann mit Auskunft über ihre Religiosität zurückhaltend sind, wenn sie von Forschern direkt danach gefragt werden. Erhebungen mittels klassischen Umfragen können daher auch für kleine Stichproben aufwendig sein. Ein Beispiel dafür liefern Richardson und Fox (1972), welche viel Zeit aufwenden mussten, um über diverse Kommunikationskanäle (persönliche Treffen, Kontaktaufnahme per Telefon und per Brief) die Religionszugehörigkeit von 68 Abgeordneten in nur einem US Bundesstaats-Parlament zu erfassen (Richardson und Fox 1972, S. 352): „Difficulty was encountered in securing data on the religious affiliation of the legislators. Personal interviews with religious and political leaders furnished most of the information, and the rest was gathered through the use of personal phone calls and letters to legislators. After extensive and time-consuming efforts, we were able to secure information on [...] 68 of 70 members." Studien über die Rolle von Religion in US Bundesstaats-Parlamenten basieren daher oft auf kleinen Stichproben oder Umfragen mit tiefen Antwortraten (Yamane und Oldmixon 2006) und sind meist nur auf einen Bundesstaat eingeschränkt. Demgegenüber basieren Studien über die Religionszugehörigkeit von Kongressabgeordneten meist auf mehreren Sekundärquellen, wie beispielsweise dem *Congressional Yellow Book* (siehe bspw. (Duke und Johnson 1992)), dem *Congressional Quarterly Almanac,* dem *Congressional Directory,* dem *Almanac of American Politics,* oder dem *Who's Who in America* (siehe bspw. Fastnow et al. 1999). Dies erschwert selbstverständlich die Reproduzierbarkeit/Verifizierung der Resultate. In weiteren Studien sind die Quellen für die Religionszugehörigkeit von Politikern nicht einmal klar deklariert (siehe bspw. (Oldmixon 2002) oder (Green und Guth 1991)), was eine Replikation der Resultate praktisch unmöglich macht.

Kurz: Die bisherigen Ansätze zur Datenbeschaffung sind kostspielig, wenig vereinheitlicht, schwer replizierbar, und oft eingeschränkt auf kleine Stichproben. Im Folgenden wird aufgezeigt, wie mittels der oben eingeführten Konzepte und frei verfügbarer Software ein einheitlicher, umfassender, und reproduzierbarer Ansatz zur systematischen Erfassung der Religionszugehörigkeit, respektive dem religiösen Konservatismus in der US Politik implementiert werden kann.

5.3 Datenquelle und data pipeline Implementierung

Kompetitive Wahlen für politische Ämter haben in einer repräsentativen Demokratie unter anderem die Funktion, dass Kandidaten sich der Öffentlichkeit präsentieren müssen und dabei Information generiert wird, welche die Wähler bei Ihrem Entscheid berücksichtigen können. In den USA hat die Civic Technology NGO *Project Votesmart (PVS)* früh erkannt, wie dieser Prozess mittels Webtechnologien potenziell verbessert werden kann und stellt seit 2002 die Webseite www.votesmart.org als Plattform für Kandidaten und gewählte Beamte jeglicher öffentlichen Ämter in den USA zu Verfügung (vom County-Sheriff bis zum US Präsidenten).[2]

Die Logik hinter der Plattform ist einfach: Mittels der Suchfunktionen können Bürger kostengünstig detaillierte Informationen über Kandidaten und ihre gewählten Vertreter abfragen, gleichzeitig haben Kandidaten aufgrund des großen Erfolgs von votesmart.org starke Anreize, möglichst detaillierte und akkurate Informationen über sich auf der Plattform zu veröffentlichen. Um die Verbreitung der eigenen Daten zu vereinfachen, stellt PVS Webentwicklern eine API zur Verfügung. Damit können alle auf votesmart.org sichtbaren Daten einfach in andere Webanwendungen eingebettet werden.

Die API bildet somit den Dateninput für unsere pipeline. Der geplante Output der pipeline ist eine Visualisierung der Daten zur Religionszugehörigkeit von US Politikern auf allen Ebenen (lokal, Bundesstaaten, national) welche die geografische Verteilung von religiösem Konservatismus in der US Politik illustriert. Dazu werden über mehrere API-Methoden die biographischen Daten (inkl. Angaben zur Religionszugehörigkeit) aller gewählten Beamten in den USA gesammelt, um sie dann mit einer Liste aller in den USA üblichen Religionsdenominationen abzugleichen und mit dem jeweiligen Wert des religiösen Konservatismus-Indexes zu ergänzen. Der verwendete Index von (Green und Guth 1991) mit Ergänzungen nach (Duke und Johnson 1992) richtet sich nach einer 8-Punkte Skala und indexiert verschiedene Denominationen anhand ihrer protestantischen Orthodoxie. Die Skala geht von religionslos/keine Zugehörigkeit

---

[2]Ähnliche Plattformen gibt es seither auch im deutschsprachigen Raum. Bspw. der *Wahl-O-Mat* in Deutschland (https://www.bpb.de/politik/wahlen/wahl-o-mat/) oder *smartvote* in der Schweiz (smartvote.ch).

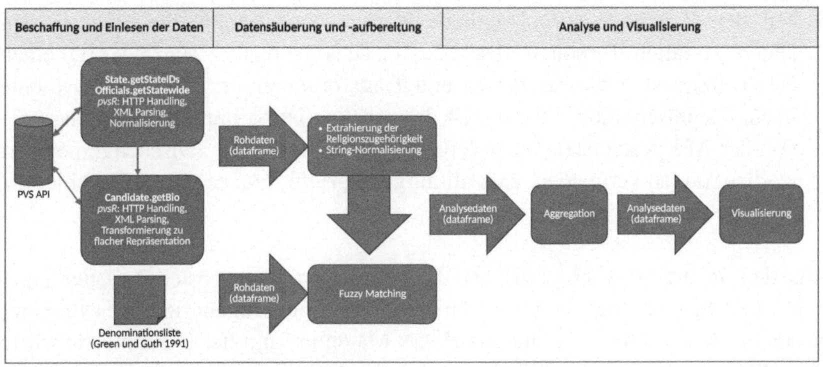

Abb. 5.1 Komponenten der data pipeline für die Analyse der Religion in der US Politik

(0) bis zu den theologisch konservativsten protestantischen Denominationen wie die „Fundamentalists" und „Charismatics" (7). Der Index ermöglicht somit eine inhaltlich sinnvolle Aggregation der über 100 unterschiedlichen protestantischen Denominationen. Abb. 5.1 illustriert die wichtigsten Komponenten dieser data pipeline. Alle Bestandteile der pipeline wurden in *R* (R Core Team 2018) implementiert.

5.4 Beschaffung, Einlesen, und Aufbereitung der Daten

Die Beschaffung der Daten ist mithilfe der PVS API Client-Software *pvsR* (Matter und Stutzer 2015a) implementiert worden, welche die HTTP-Kommunikation und das Parsen der XML-Daten für einzelne Anfragen an die genutzten API-Methoden handhabt. Weil mit der PVS API jedoch keine Batch-Abfragen möglich sind, muss die Beschaffung der biografischen Daten aller gewählter Beamten über mehrere Schritte geschehen:

1. Zuerst wird über die API-Methode *State.getStateIDs* eine Liste aller PVS-internen Bundesstaaten-IDs generiert.
2. Iterativ werden dann für jede dieser IDs mittels der *Officials.getStatewide*-Methode Listen mit den Personen-IDs aller gewählten Beamten pro Bundesstaat gesammelt.

3. Mit der *Candidate.getBio*-Methode werden dann iterativ die biografischen Daten zu allen Personen IDs erfasst. Dies beinhaltet für jede ID einen HTTP-Request sowie das Parsen und Transformieren der XML-Daten in eine flache Repräsentation. Dieser Teil der pipeline ist so implementiert, dass die von der API gesendeten Daten laufend auf der Harddisk zwischengespeichert werden, um zu vermeiden, dass allfällige Netzunterbrüche oder API-Fehler die pipeline brechen.

Aus den so erfassten biografischen Daten werden im nächsten Teil der pipeline die Strings zur selbstdeklarierten Religionszugehörigkeit extrahiert, gesäubert, normalisiert, und mittels Fuzzy-Matching[3] mit der Denominationsliste abgeglichen, wodurch die PVS Daten mit dem religiösen Konservatismus Index (Green und Guth 1991) verbunden werden können. Der resultierende Datensatz bildet dann die Grundlage für den dritten und letzten Teil der data pipeline: Datenauswertung und -visualisierung. Die Ausführung der ersten zwei Teile der pipeline dauert etwa acht Stunden mit einer schnellen Internetverbindung und einem handelsüblichen Desktopcomputer und beinhaltet die Sammlung von hochdetaillierten biografischen Daten über mehrere tausend US Beamte auf allen Regierungsebenen und aus allen Bereichen (Exekutive, Legislative, Justiz).[4]

---

[3]Konkret wird an dieser Stelle ein String-Matching-Verfahren basierend auf der Levenshtein-Distanz eingesetzt. Die Levenshtein-Distanz wird berechnet als die minimale Anzahl nötiger Änderungen (Löschen, Einfügen, Ersetzen) der jeweiligen Zeichenkette aus der Denominationsliste um mit der Zeichenkette der selbstdeklarierten Religionszugehörigkeit eines Politikers übereinzustimmen. Die Denominations-Zeichenkette mit der kleinsten Levenshtein-Distanz zur Zeichenkette der selbstdeklarierten Religionszugehörigkeit eines Politikers gilt dann jeweils als übereinstimmend mit dieser Religionszugehörigkeit.

[4]Die hier verwendete data pipeline zur Beschaffung und Aufbereitung der Daten könnte auch parallelisiert werden, was den Prozess um ein Vielfaches beschleunigen würde. Darauf wurde hier bewusst verzichtet, da die benutzte API ursprünglich nicht für diesen Verwendungszweck konzipiert wurde. Zu viele Anfragen von der gleichen Maschine in zu kurzer Zeit würden den Web Server, auf welchem die API läuft, langsamer machen und somit die Qualität der API als Dienstleistung für andere Web-Anwendungen schmälern. Dies ist ein weiterer Hinweis darauf, wie wichtig es ist, bei der Nutzung des programmable Web als Datenquelle für sozialwissenschaftliche Forschungsprojekte, den Hintergrund und ursprünglichen Zweck der verwendeten APIs zu verstehen und zu respektieren.

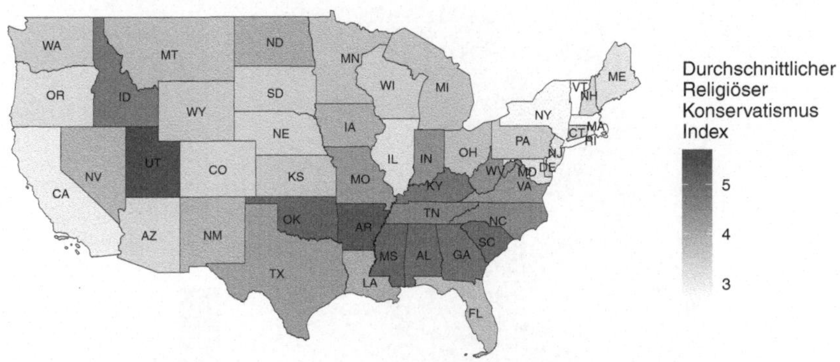

Abb. 5.2 Religiöser Konservatismus in öffentlichen Ämtern (US Bundesstaaten 2019)

5.5   Datenanalyse und Ergebnisse

Basierend auf dem so gewonnenen Analysedatensatz wird im letzten Teil der pipeline der durchschnittliche Index-Wert über alle Beamten pro Bundesstaat berechnet und als Landkarte des religiösen Konservatismus in der US Politik visualisiert.

Abb. 5.2 präsentiert das Ergebnis basierend auf der Ausführung der pipeline im Januar 2019. Daraus wird (nicht überraschend) deutlich ersichtlich, wie in den Bundesstaaten des sog. „Bible Belts"[5] sowie im Mormonenstaat Utah (UT) mehr politische Entscheidungsträger aus konservativen Denominationen in politische Ämter selektioniert werden.

Abb. 5.2 illustriert die Repräsentation von religiösen Ansichten in der US Politik insgesamt und reflektiert somit, wie reichhaltig die durch den hier präsentierten Ansatz gesammelten Daten sind. Durch die Aggregation ignoriert die obige Analyse jedoch die Granularität der gewonnenen Daten. Für spezifischere Forschungsfragen, insbesondere hinsichtlich der Rolle von Religion bei politischen Entscheiden von Abgeordneten, sind die Daten auf Individuen-/ Wahlkreis -Ebene relevant. Abb. 5.3 zeigt genau diesen Aspekt der gewonnenen

---

[5]Zum Bible Belt werden üblicherweise die Südstaaten gezählt. Insbesondere Alabama (AL), Mississippi (MS), Tennessee (TN), Missouri (MO), Kentucky (KY), West Virginia (WV) und Virginia (VA).

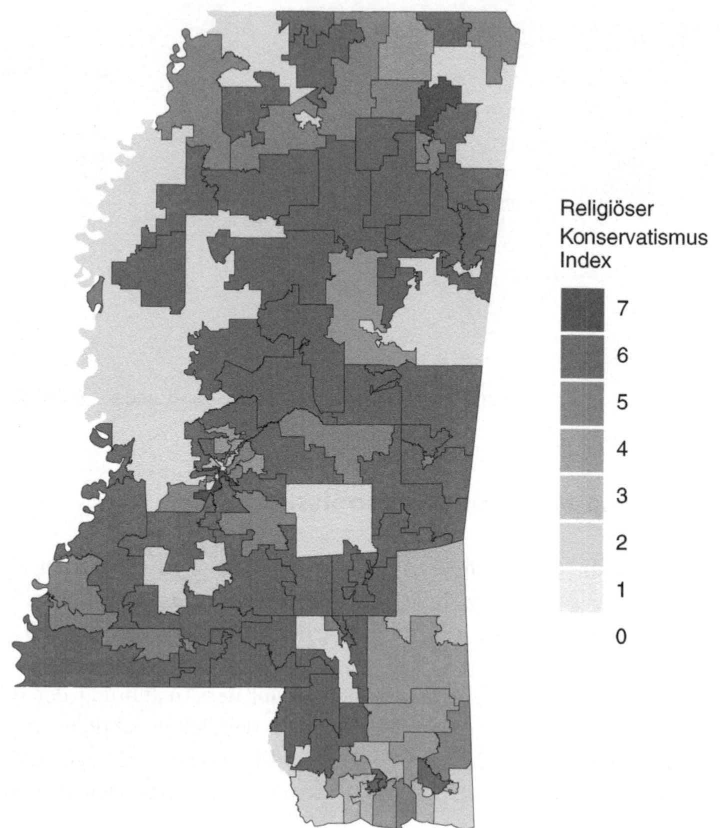

Abb. 5.3 Religiöser Konservatismus im Mississippi State House

Daten anhand des Bundesstaates Mississippi (MS) auf. Die Abbildung
basiert auf dem Subsample an Beobachtungen für alle Repräsentanten des
Bundesstaats-Parlaments von Mississippi („Mississippi State House"). Die Karte
zeigt die Index-Werte der einzelnen Abgeordneten mit der Schattierung der
jeweiligen Wahlkreise (Wahlkreise mit fehlenden Daten sind grau eingezeichnet).

   Abb. 5.3 zeigt, dass die Abgeordneten im Mississippi State House meist
zu eher stark konservativen protestantischen Religionsgruppen gehören.

Gleichzeitig ist jedoch auch ersichtlich, dass es innerhalb des, gemäss der vorherigen Analyse (Abb. 5.2), insgesamt eher religiös konservativen Staates durchaus Variation gibt. Insbesondere in den Wahlkreisen der Küstenregion scheinen sich die Abgeordneten eher mit moderaten Denominationen zu identifizieren.

Replizierbarkeit und Verifizierbarkeit der Datensammlung 6

Wie der Output der pipeline demonstriert, hat der hier präsentierte Ansatz zur Sammlung von Daten über die Rolle von Religion in der US Politik enorme Vorteile gegenüber den traditionellen Ansätzen. Die auf der pipeline basierende Erhebung ist umfassender als alle bisherigen empirischen Beiträge in der diskutierten Literatur, indem mit überschaubarem Aufwand Daten über öffentliche Beamte/Politiker aus allen Ebenen und Bereichen der US Politik gesammelt werden können. Insgesamt wurden für diese Fallstudie die biografischen Daten von über 39.900 gewählten Beamten aus Legislative, Exekutive, und Justiz innerhalb weniger Stunden gesammelt und in einem fertigen Analysedatensatz aufbereitet. Mit einer entsprechenden Wartung der pipeline ist die hier präsentierte Analyse zudem praktisch ohne zusätzlichen Aufwand replizierbar. Somit kann der gewonnene Datensatz auch in Zukunft kostengünstig mit Neuerhebungen ergänzt werden, womit Veränderungen über die Zeit erfasst werden können.

Dies ist nicht nur für einfachere Durchführbarkeit zusätzlicher Studien von Vorteil, sondern hat auch breitere Implikationen für den wissenschaftlichen Prozess. Die Replikation von Forschungsresultaten ist ein zentraler Pfeiler wissenschaftlicher Glaubwürdigkeit und geht in mancher Hinsicht weiter als die Reproduktion, welche sich auf die aufbereiteten Daten der bereits vorhandenen Studie stützt. Im Kontrast zum oben diskutierten traditionellen Ansatz der Datenbeschaffung, mit welchem eine Replikation extrem aufwendig wäre, ist die Replizierbarkeit der Datensammlung mittels einer gut gewarteten data pipeline quasi per Konstruktion garantiert.[1]

---

[1] Dies gilt für eine exakte Reproduktion des Datensatzes selbstverständlich nur unter der Annahme, dass die Datenbank hinter der API in der Zwischenzeit nicht verändert wurde.

© Der/die Herausgeber bzw. der/die Autor(en), exklusiv lizenziert durch
Springer Fachmedien Wiesbaden GmbH, ein Teil von Springer Nature 2020
U. Matter, *Big Public Data aus dem Programmable Web*, essentials,
https://doi.org/10.1007/978-3-658-31584-9_6

Im Folgenden wird die Replizierbarkeit der Datensammlung, -aufbereigung, und -analyse im Kontext der obigen Fallstudie illustriert. Die in der Fallstudie durchgeführte Erhebung der Rohdaten über gewählte US Beamte (erster Teil der data pipeline) ist eine Wiederholung und Erweiterung der von (Matter und Stutzer 2015a) im Jahre 2014 durchgeführten Datensammlung. In (Matter und Stutzer 2015a) werden Rohdaten zur Religionszugehörigkeit von gewählten US Beamten nicht weiterverwendet. Da jedoch genauso wie im obigen Fallbeispiel die gleiche API als Teil der data pipeline verwendet wurde, können wir die archivierten Rohdaten ganz einfach in die hier präsentierte data pipeline einspeisen (beim Teil „Datensäuberung und –aufbereitung", vgl. Abb. 5.1) und somit die identische Datenaufbereitung und Datenanalyse mit historischen Daten durchführen. Dies Erlaubt eine Analyse davon, inwiefern sich die Präsenz von religiösem Konservatismus in der US Politik (gemessen wie in der Fallstudie dargelegt) zwischen 2014 und 2015 verändert hat. Abb. 6.1 zeigt diesen Vergleich in der Form von prozentualen Veränderungen des durchschnittlichen religiösen Konservatismus Indexes pro US Bundesstaat (relativ zu den Werten von 2014). Inhaltlich suggeriert der Vergleich, dass der Anteil an gewählten US Beamten, welche sich zu einer eher konservativen Denomination zählen, tendenziell eher abgenommen hat. Mit der bestehenden (gewarteten) data pipeline lässt sich diese Entwicklung sehr einfach über die kommenden Jahre weiterverfolgen.

Abgesehen von der einfacheren Replikation und der wiederholten Erfassung von neuen Daten aus der gleichen Quelle, hat der hier vorgeschlagene Ansatz noch einen weiteren Vorteil. Die Datensammlung kann relativ einfach und unabhängig verifiziert werden. Anhand des Quellcodes der data pipeline sowie der seitens der Datenquelle veröffentlichten API Dokumentation, kann bis in die Einzelheiten nachvollzogen werden, wie die Datengrundlage einer Studie zustande gekommen ist. Somit kann verhältnismäßig einfach überprüft werden, inwiefern die Datengrundlage einer Studie das hält, was in der veröffentlichten Studie versprochen wird. Dies ist beim oben beschriebenen traditionellen Ansatz zur Datenbeschaffung durchaus viel anspruchsvoller, da eine vergleichsweise hochdetaillierte Beschreibung des Vorgehens bei der Datenbeschaffung seitens der Autoren kaum praktikabel wäre. Wir sind ganz einfach darauf angewiesen, den eher knapp gehaltenen Beschreibungen der Autoren zu vertrauen.

Das hier gemachte Argument bezieht sich deshalb primär auf die qualitative Replikation der Datengrundlage.

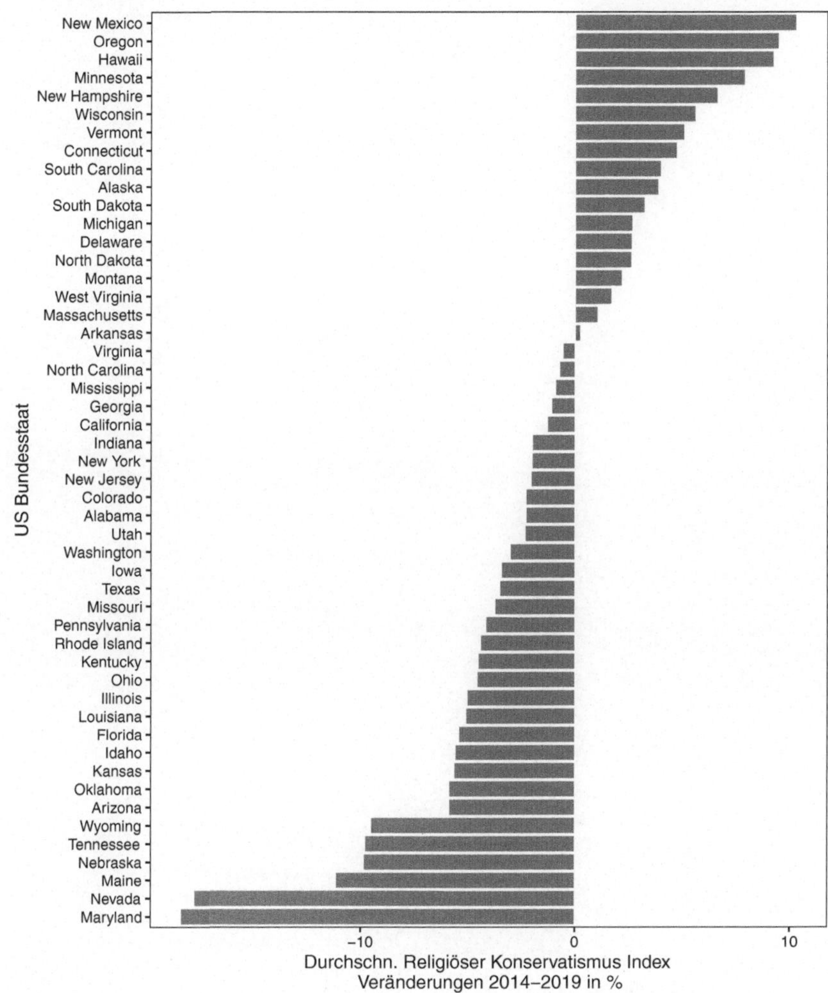

Abb. 6.1 Religiöser Konservatismus in öffentlichen Ämtern (US Bundesstaaten): Veränderungen zwischen 2014 (erste Erhebung) und 2019 (zweite Erhebung)

Diskussion und Ausblick 7

Der aufgezeigte Ansatz kommt auch mit relevanten Einschränkungen. Die data pipeline ist – wie auf APIs basierende Webanwendungen auch – auf die Funktionsweise der zugrunde liegenden APIs als Datenquellen angewiesen. Der aufgezeigte Ansatz ist somit direkt auf die Weiterführung der API seitens der Anbieter (hier PVS) angewiesen. Ähnlich wie die auf einer API basierenden Webanwendung, müssen data pipelines zur Erfassung von Daten aus dem programmable Web daher gewartet werden, um mit der Weiterentwicklung der genutzten APIs mitzuhalten.

Gleichwohl bietet die pipeline-basierte Integration von APIs in sozialwissenschaftliche Forschungsprojekte Potenzial weit über die hier vorgestellte Anwendung hinaus. So können beispielsweise in der Politischen Ökonomie mit der Kombination mehrerer APIs in einer data pipeline die Eigenschaften von Politikern mit deren Verhalten im Amt, sowie mit den politischen Präferenzen von Wählern und Geldgebern verbunden werden. Dies ermöglicht neue empirische Forschung zur Frage wie Interessengruppen mittels politischen Spenden Einfluss auf politische Entscheide nehmen können. So nutzen (Balles et al. 2018) eine Kombination von drei verschiedenen Civic Tech APIs um zu untersuchen, ob Politiker eher im Sinne ihrer Wähler oder im Sinne ihrer Geldgeber abstimmen. Ein weiterer vielversprechender Anwendungsbereich ist die Verknüpfung von Daten über das Verhalten und die Eigenschaften von Politikern mit deren Nutzung Sozialer Medien sowie deren Präsenz in traditionellen Medien. Solche Daten sind entweder direkt über die APIs der (Sozialen) Medien zugänglich oder über APIs von Civic Tech Organisationen oder Forschungsinstituten, die sich auf

© Der/die Herausgeber bzw. der/die Autor(en), exklusiv lizenziert durch Springer Fachmedien Wiesbaden GmbH, ein Teil von Springer Nature 2020
U. Matter, *Big Public Data aus dem Programmable Web*, essentials,
https://doi.org/10.1007/978-3-658-31584-9_7

digitale Medien spezialisiert haben (siehe bspw. das MediaCloud-Projekt[1] am MIT).

Die Nutzung des programmable Web für sozialwissenschaftliche Forschung geht aber auch über die Beschaffung von big public data hinaus. Service APIs, bspw. von DataScienceToolKit (datasciencetoolkit.org), können ohne größeren Programmieraufwand als Module für anspruchsvolle Datenarbeit (Georeferenzierung von rohen Adressdaten, Extrahierung von Text aus Bilddateien, etc.) in data pipelines eines Forschungsprojektes eingebaut werden. Dadurch wird die Aufbereitung und Kodierung großer unstrukturierter Datenmengen effizienter umsetzbar und besser replizierbar. Aus Sicht der Sozialwissenschaften insgesamt, und der empirischen Wirtschaftsforschung insbesondere, lohnt es sich daher, die Weiterentwicklung des programmable Web im Auge zu behalten.

---

[1]Siehe https://mediacloud.org/.

Was Sie aus diesem *essential* mitnehmen können

- Eine Einführung in das Konzept *big public data:* web-basierte und hochdetaillierten digitale Datenbeständen über politische Akteure und Prozesse.
- Was die technischen Herausforderungen für die wirtschafts- und sozialwissenschaftliche Forschung basierend auf big public data sind.
- Wie mit diesen Herausforderungen anhand von *data pipelines* umgegangen werden kann.
- Was die Vorteile des vorgeschlagenen data pipeline Ansatzes für die Wirtschafts- und Sozialwissenschaften sind, insbesondere hinsichtlich der Replikation von empirischen Forschungsergebnissen.

U. Matter, *Big Public Data aus dem Programmable Web,* essentials, https://doi.org/10.1007/978-3-658-31584-9

Literatur

Balles, Patrick, Ulrich Matter, und Alois Stutzer. (2018). Special Interest Groups versus Voters and the Political Economics of Attention. IZA Discussion Paper No. 11945. IZA Institute of Labor Economics.

Besley, T. (2005). Political Selection. *Journal of Economic Perspectives*, 19 (3): 43-60.

Bodle, R. (2010). Regimes of Sharing. *Information, Communication & Society*, 14(3): 320-337.

Burden, Barry C. *Personal Roots of Representation*. Princeton University Press, 2007.

Duke, J. T. und Johnson, B. L. (1992). Religious Affiliation und Congressional Representation. *Journal for the Scientific Study of Religion*. 31(3):324-329.

Fastnow, C., Tobin, G. J., und Rudolph, T. J. (1999). Holy Roll Calls: Religious Tradition and Voting Behavior in the U.S. House. *Social Science Quarterly*, 80(4):687–701.

Feigelson, E. D. und Babu, G. J. (2012). Big Data in Astronomy. *Significance*, 9:22-25.

Green, J. C. und Guth, J. L. (1991). Religion, Representatives, and Roll Calls. *Legislative Studies Quarterly*, 16(4):571–584.

Guth, James L., und Lyman A. Kellstedt. (2005) The Confessional Congress: Religion and Legislative Behavior. *Annual meeting of the Midwest Political Science Association*, Chicago. 2005.

Guth, J., Kellstedt, L., Smidt, C., Smidt, C., Kellstedt, L., & Guth, J. (2009). The Role of Religion in American Politics: Explanatory Theories and Associated Analytical and Measurement Issues. In The Oxford Handbook of Religion and American Politics. Oxford, UK: Oxford University Press.

Guth, James L. (2014). Religion in the American Congress: The Case of the US House of Representatives, 1953–2003. *Religion, State & Society* 42(2-3): 299-313.

Hyytinen, A., Meriläinen, J., Saarimaa, T., Toivanen, O., und Tukiainen, J. (2018). Public Employees as Politicians: Evidence from Close Elections. *American Political Science Review*, 112(1), 68-81.

Ismail, A., Truong, H.-L., und Kastner, W. (2019). Manufacturing Process Data Analysis Pipelines: A Requirements Analysis and Survey. *Journal of Big Data*, 6(1):1.

Luo, J., Wu, M., Gopukumar, D., und Zhao, Y. (2016). Big Data Application in Biomedical Research and Health Care: A Literature Review. *Biomedical Informatics Insights*. 8:1.

© Der/die Herausgeber bzw. der/die Autor(en), exklusiv lizenziert durch Springer Fachmedien Wiesbaden GmbH, ein Teil von Springer Nature 2020
U. Matter, *Big Public Data aus dem Programmable Web*, essentials,
https://doi.org/10.1007/978-3-658-31584-9

Mansbridge, Jane (2009). A "Selection Model" of Political Representation. *Journal of Political Philosophy*, 17(4): 369-398.

Matter, U. (2018). RWebData: A High-Level Interface to the Programmable Web. *Journal of Open Research Software*, 6(1):1-12.

Matter, U. und Stutzer, A. (2015a). pvsR: An Open Source Interface to Big Data on the American Political Sphere. *PLOS ONE* 10(7): e0130501.

Matter, U. und Stutzer, A. (2015b). The Role of Lawyer-Legislators in Shaping the Law: Evidence from Voting on Tort Reforms. *Journal of Law and Economics*, 58(2): 357-384.

McTague, John, und Shanna Pearson-Merkowitz. Voting from the Pew: The Effect of Senators' Religious Identities on Partisan Polarization in the US Senate. *Legislative Studies Quarterly* 38(3): 405-430.

McNutt, J. G., Justice, J. B., Melitski, J. M., Ahn, M. J., Siddiqui, S. R., Carter, D. T., und Kline, A. D. (2016). The Diffusion of Civic Technology and Open Government in the United States. *Information Polity: The International Journal of Government & Democracy in the Information Age*, 21(2):153–170.

Newman, B., Guth, J. L., Cole, W., Doran, C., & Larson, E. J. (2016). Religion und Environmental Politics in the US house of Representatives. *Environmental Politics*, 25(2): 289-314.

Oldmixon, E. A. (2002). Culture Wars in the Congressional Theater: How the U.S. House of Representatives Legislates Morality, 1993-1998. *Social Science Quarterly*, 83(3):775–787.

Oldmixon, Elizabeth A. (2017). Religious Representation und Animal Welfare in the U.S. Senate. *Journal for the Scientific Study of Religion*, 56(1): 162-178.

R Core Team (2018). R: A Language and Environment for Statistical Computing, R Foundation for Statistical Computing, Vienna, Austria.

Richardson, L. und Amundsen M. (2013). *RESTful Web APIs*. Sebastopol, CA: O'Reilly.

Richardson, J. T. und Fox, S. W. (1972). Religious Affiliation as a Predictor of Voting Behavior in Abortion Reform Legislation. *Journal for the Scientific Study of Religion*, 11(4):347–359.

Sebei, H., Taieb, H., Ali M., Ben Aouicha M. (2018). Review of social media analytics process and Big Data Pipeline. *Social Network Analysis and Mining*. 8(1):28.

Swartz, A. (2013). *Aaron Swartz's A Programmable Web: An Unfinished Work*. In: Hendler, J. und Ding, Y. (eds.), Synthesis Lectures on the Semantic Web: Theory and Technology. San Rafael, CA: Morgan & Claypool Publishers.

Wald, K. D. und Wilcox, C. (2006). Getting Religion: Has Political Science Rediscovered the Faith Factor? *American Political Science Review*, 100(4):523–529.

Wolf, C., Luvaul, L. C., Onken, C. A., Smillie, J. G., und White, M. C. (2018). Developing Data Processing Pipelines for Massive Sky Surveys–Lessons Learned from SkyMapper. In *Astronomical Society of the Pacific Conference Series,* 512:289.

Yamane, D. und Oldmixon, E. A. (2006). Religion in the Legislative Arena: Affiliation, Salience, Advocacy, und Public Policymaking. *Legislative Studies Quarterly*, 31(3):433–460.

Zhang, Y. und Zhao, Y. (2015). Astronomy in the Big Data Era. *Data Science Journal*, 14:11.